L'autobus magique
et la classe à l'eau

L'autobus magique
et la classe à l'eau

Joanna Cole
Illustrations de Bruce Degen

Texte français de Lucie Duchesne

Les éditions Scholastic
123, Newkirk Road, Richmond Hill (Ontario) L4G 3G5

*L'auteur et l'illustrateur désirent remercier Nancy Zeilig
et le personnel des services techniques
de l'American Water Works Association, Denver, Colorado,
pour l'aide qu'ils leur ont apportée
dans la préparation de ce livre.*

Il est interdit de reproduire, d'enregistrer ou de diffuser en tout ou en partie le présent ouvrage, par quelque procédé que ce soit, électronique, mécanique, photographique, sonore, magnétique ou autre, sans avoir obtenu au préalable l'autorisation écrite de l'éditeur.

Copyright © Joanna Cole, 1986, pour le texte. Copyright © Bruce Degen, 1986, pour les illustrations. Copyright © Les éditions Scholastic, 1987, pour le texte français. Tous droits réservés.

ISBN 0-590-71792-8

Titre original : The Magic School Bus at the Waterworks.

Édition publiée par Les éditions Scholastic, 123, Newkirk Road, Richmond Hill (Ontario) Canada L4C 3G5.

Pour Rachel
J.C.

Pour Oncle Jerry,
le chimiste des eaux
B.D.

Notre classe n'a vraiment pas de chance.
Cette année, nous avons Mme Friselis,
le professeur le plus bizarre de l'école.

Ce ne sont pas les drôles de robes de Mme Friselis
qui nous dérangent, ni même ses drôles de souliers.
C'est plutôt sa façon d'agir.
Mme Friselis nous demande de laisser moisir
de vieilles tranches de pain.
Elle nous fait construire des maquettes de dépotoirs
avec de l'argile, dessiner des plantes et des animaux
et lire cinq livres de science par semaine.

Les autres classes vont en excursion au zoo ou encore au cirque.
Devine où nous sommes allés en excursion.
À l'usine de purification des eaux!

Au coin de la rue, l'autobus est entré dans un tunnel tout noir.
Et là, quelque chose d'étonnant s'est produit.
Lorsque nous sommes sortis de ce tunnel, l'autobus s'était transformé, et nous aussi.
Tout le monde portait un équipement de plongée, même Mme Friselis!

Je veux ma maman!

Caractéristique N° 3
Simone
L'air que nous respirons contient de l'eau. Nous ne pouvons pas le voir parce qu'elle prend la forme d'un gaz invisible appelé vapeur d'eau.
Lorsque l'eau s'évapore, elle passe de la forme liquide à la forme gazeuse et s'élève dans les airs.

Je ne savais pas ça!

Nous nous envolons!

Mme Friselis était la seule qui ne semblait avoir rien remarqué de différent. Elle conduisait l'autobus comme si de rien n'était. Soudain, au milieu d'un pont, l'autobus commença . . .

à s'élever . . .

Mme Friselis nous a demandé alors
une chose très, très bizarre.
Il fallait descendre de l'autobus!
Nous ne voulions absolument pas lui obéir,
mais elle a menacé de nous donner
des devoirs supplémentaires si nous
ne descendions pas.

Quelques-uns d'entre nous ont regardé
à travers le nuage: il y avait
des montagnes tout en bas.
Et le nuage montait, montait.

Je crois que je préfère le devoir supplémentaire.

L'eau du réservoir était plutôt sale.
Nous étions couverts de saletés et de boue.
«Suivez-moi au bassin de mélange»,
cria Mme Friselis.
Dans le bassin de mélange, une substance
coagulante appelée alun était ajoutée à l'eau.
L'alun formait de petites boules
appelées flocs, et toutes les saletés
et la boue s'y aggloméraient.

Dans le tuyau reliant le filtre à un château d'eau, on ajoute deux produits chimiques à l'eau: le chlore et le fluor. Le chlore tue tous les microbes qui auraient pu rester dans l'eau et le fluor, en infime quantité, aide à prévenir la carie.

L'eau avait passé par tout le système de purification. Nous pensions que notre excursion se terminait là, mais Frisette avait d'autres projets en tête. «Tout le monde dans le château d'eau», cria-t-elle.

Caractéristique No 7
Véronique
L'eau claire n'est pas toujours propre. Elle peut encore contenir des microbes qui peuvent nous rendre malades.

Lorsqu'une fille de septième année
ouvrit le robinet dans les toilettes des filles,
c'est nous qui sommes sortis.
L'immeuble auquel les tuyaux nous menaient
était notre école! Nous étions enfin de retour!
Nous avions retrouvé notre taille normale!
Et nous étions de nouveau habillés de façon normale!
(Sauf Mme Friselis, qui portait
comme d'habitude une robe bizarre.)

De retour dans notre classe,
Mme Friselis se comportait comme
si rien de spécial ne s'était passé.
Elle a donné à manger au lézard de la classe,
puis elle nous a immédiatement mis au travail.
Nous devions préparer un tableau expliquant
comment l'eau arrive aux maisons
et aux immeubles de notre ville.

Couché, Lisa.

Quand Jérôme a dessiné un enfant
à l'intérieur d'une goutte d'eau,
Mme Friselis dit:
«Mais où vas-tu pêcher ces idées
ridicules, Jérôme?»

Plus tard ce jour-là,
nous avons aperçu le vieil autobus
scolaire dans le parc de stationnement.
Comment était-il arrivé là?
Est-ce que nous avions simplement
imaginé ce voyage dans
le système de purification des eaux?
Saurions-nous un jour ce qui s'était
réellement passé?

La dernière fois que j'ai vu cet autobus, c'était dans un nuage... enfin, je crois...

Notes de l'auteur
(Pour les élèves sérieux seulement)

Ces notes sont destinées aux élèves sérieux qui n'aiment pas du tout qu'on fasse des blagues lorsqu'on parle de faits scientifiques. Si tu lis ces pages, tu pourras savoir quels faits sont vrais dans ce livre et lesquels sont plutôt des inventions de l'auteur. (Tu sauras ainsi à quel moment tu dois rire en lisant le livre.)

Page 8: La moisissure verte qui pousse sur du pain rassis est en fait constituée de minuscules plantes unicellulaires. Elle ne peut pas parler ni produire des sons.

Page 9: Les plantes n'ont pas de mains et ne portent pas de lunettes de soleil, et le sol ne contient pas de frites ni autres aliments du genre.

Page 13: Si tu traverses un tunnel tout noir, tu n'en ressortiras pas avec un équipement de plongée.

Pages 14-15: La force de gravité retient un autobus scolaire fermement au sol. Un autobus ne peut pas s'élever dans les airs et entrer dans un nuage, même si tu as énormément envie de manquer l'école ce jour-là.

Pages 16-31 : Les enfants ne peuvent pas rapetisser, se faufiler dans des gouttes d'eau, tomber dans des ruisseaux ni passer par le système de purification des eaux. De plus, les garçons et les filles ne peuvent pas sortir du robinet des toilettes des filles. (Tout le monde sait bien que les garçons n'ont pas le droit d'aller dans les toilettes des filles.)

Pages 34-35 : Il se peut que ta ville s'approvisionne en eau par d'autres sources que les torrents montagneux, et le procédé de purification peut être légèrement différent. De nombreuses villes tirent leur eau de fleuves, de rivières, de lacs ou de puits. Sais-tu d'où provient l'eau de ta ville et comment elle est purifiée?

Page 36 : Si on abandonne un autobus scolaire dans un nuage, il ne peut pas apparaître soudain dans le parc de stationnement de l'école. Il faut absolument que quelqu'un retourne au nuage pour ramener l'autobus à l'école.